Zweiter Reisebericht

aus

Ceylon und Vorder-Indien

der Geographischen Gesellschaft in Hamburg

erstattet von

Oberlehrer Prof. Dr. **Alois Kraus**

Privatdozenten an der Akademie für Sozial- und Handelswissenschaften
zu Frankfurt a. M.

Sonderabzug aus den Mitteilungen der Geographischen Gesellschaft
in Hamburg, Band XXIV.

HAMBURG.
L. Friederichsen & Co.
(Inhaber: Dr. **L. & R. Friederichsen.**)
1909.

Zweiter Reisebericht aus Ceylon und Vorder-Indien.*)

Von

Prof. Dr. **Alois Kraus.**

Nachdem ich die wichtigsten Wirtschaftsgebiete Ceylons kennen gelernt hatte, trat ich Anfang März 1908 meine Reise in Indien an und zwar von Tutikorin aus, dem südlichsten Einfallstor der Halbinsel. Nicht ohne leises Bangen. Noch war ich nach der schweren und langwierigen Erkrankung, von der ich in Ceylon heimgesucht worden war, nicht wieder in den Vollbesitz meiner Kräfte gelangt. Die abfälligen Urteile gewiegter Kenner des Landes über Unterkunfts- und Verpflegungs-Verhältnisse, sowie über die Beförderungsmöglichkeiten abseits der Bahn, die Zeitungs-Nachrichten über die Ausbreitung von Epidemien und politischen Unruhen trugen nicht dazu bei, mich zu ermuntern. Ich muss mich im allgemeinen den abschätzigen Urteilen über die Unterkunftsverhältnisse in Indien anschliessen. Der Aufenthalt in den von der Regierung eingerichteten Rasthäusern bedeutet häufig einen Kampf gegen Unsauberkeit, Ratten und gegen Prellereien der Rasthauswirte. Selbst in Gasthöfen grösserer Orte, wie von Madras und Haiderabad (Dekkan) werden auch bescheidene Ansprüche nicht befriedigt. Die Hôtels in einigen grossen Militärstationen, wie etwa Bangalore, Puna, Lahore, Raval-Pindi oder gar in den Hauptstädten Bombay (Taj.-Mahal) und Kalkutta, in den Gebirgsstationen, sowie die Rasthäuser entlang der grossen Strasse nach Kashmir sind wahre Oasen.

---

*) Der erste Reisebericht befindet sich abgedruckt im 23. Bande dieser Mitteilungen p. 347.

Anerkennenswert ist hingegen die Billigkeit und Bequemlichkeit der indischen Eisenbahnen. Den letzterwähnten Vorzug dürfen indes die nördlichen Bahnlinien in ungleich höherem Masse für sich in Anspruch nehmen als die südlichen. — Wer nicht bloss mit Engländern Gedankenaustausch pflegen will, muss mit der weit weniger bequem eingerichteten zweiten Klasse fürlieb nehmen; diese Möglichkeit ist jedoch dem Reisenden im Norden häufig benommen, da dort die Wagen für Europäer und Inder zur nicht geringen Kränkung der letzteren getrennt sind. — Abseits der Eisenbahn ist der gedeckte Ochsenwagen das wichtigste Verkehrsmittel mit mässigen Durchschnittsgeschwindigkeiten und bescheidenen Tagesleistungen von höchstens 30 bis 40 km, die durch unvorhergesehene Ereignisse beträchtlich gemindert werden.

Eine grosse Hemmung und Gefährdung des Verkehres, ja der gesamten wirtschaftlichen und kulturellen Entwicklung, sind die Seuchen, von denen Indien insbesondere in den letzten Jahren heimgesucht wird. Zwar steigert sich ihre Intensität in den Jahreszeiten, in denen Menschen und Tiere sich am meisten zusammenpferchen, und in denen auch die Wasserstandsverhältnisse am ungünstigsten sind, also im Winter und im Spätmonsun. Aber von der kalten Jahreszeit her haben sich während der nachfolgenden heissen Trockenzeit in vielen Strichen Cholera, Pest und Pocken in ungeschwächtem Masse erhalten, anderwärts tauchten sie urplötzlich auf, um dann häufig nicht so rasch wieder zu verschwinden. Nicht weniger als 3000 von 75,000 Einwohnern sind zum Beispiel in Kalikut an der Malabarküste diesen Krankheiten innerhalb der drei Monate von März bis Mai erlegen. Ich las noch im September von Gesuchen der dort einheimischen mohamedanischen Moplahs an die Regierung, ihnen religiöse Umzüge zu gestatten, damit dem Übel abgeholfen werde. Im Punjab sind, wie ausdrücklich von der englischen Regierung im Parlament bestätigt wurde, in der ersten Hälfte des Jahres 1907 von ungefähr 29 Millionen Einwohnern 637,000 an Krankheiten und zwar zumeist an der Cholera gestorben. Überhaupt sind während des letzten Jahrzehnts 1896—1906 5 Millionen Menschen mehr hingerafft worden als sonst durch Krankheiten in gleichen Zeitabschnitten. — In panischem Schrecken verlässt die Bevölkerung in solchen Gegenden, in denen eine Seuche neu auftritt, den Ort ihrer Tätigkeit und lagert in dürftigen Unterkünften weit ausserhalb desselben; die Nichtansässigen kehren in ihre mehr oder minder entfernte Heimat zurück, auch dorthin und auf ihren Wegen die Krankheit verbreitend. Dann stockt die Arbeit in den Feldern und den Bergwerken und die Bazare sind verödet. In den Kaffee- und Teepflanzungen des Oochterloni-Tales (Nilgiri), die ich Ende April besuchte, waren Kulis von ihrer Flucht vor der Pest wieder zurückgekehrt. Aber der Stillstand der Arbeiten in den Pflanzungen hat schwere Verluste herbeigeführt. In den Kohlengruben von Iherria (Chutia Nagpur), nordwestlich von Kalkutta, waren Mitte März, wie mir später erzählt wurde, viele Hundert Arbeiter der Pest erlegen, der grösste Teil der Belegschaft auseinander gestoben, und die Förderung war auf ein Minimum eingeschränkt. In anderen Gebieten, wo die Krankheiten bereits epidemisch geworden sind, wie in Bangalore oder Bombay, verharrt die Bevölkerung selbst bei einer Steigerung der Krankheitsfälle bei ihrer gewohnten Tätigkeit und Lebensweise. Die Krankheit hat ihren Schrecken und damit die Hauptursache ihrer Verbreitung verloren. In höchst erfreulicher Weise vermindert sich wenigstens in den grösseren Städten der Widerstand gegen die Schutzimpfung wider die Pest. Puna im Jahre 1907 ein Hauptherd der Seuche ist wohl hierdurch wieder eine Gesundheitsstation geworden, die es vorher war. Dem Wiederausbruch schwerer Epidemien sucht man auch dadurch vorzubeugen, dass man die am meisten heimgesuchten Stadtteile niederreisst und wie in Bombay und Bangalore neue, hygienisch angelegte Quartiere schafft. — Wenn bei irgend einem Gebiet der Erde, so muss demnach bei der geographischen Darstellung Indiens die Verbreitung und Bedeutung der Massenerkrankungen für die Bevölkerungsbewegung, für die wirtschaftliche und kulturelle Gestaltung des Landes berücksichtigt werden.

Bei der häufigen Berührung mit allen Schichten der Bevölkerung in den Bazaren, in den kleinen Arbeitsstuben der Gewerbsleute, in den Fabriken wie bei den Feldarbeiten, in den Bergwerken und in den Häfen war wohl die Ansteckungsgefahr für den geschwächten Körper nicht ganz gering. Doch sind es bekanntlich nur verhältnismässig wenig Europäer, welche in Indien von diesen Krankheiten heimgesucht werden. — Die Überwachung des Gesundheitszustandes der Reisenden, welche aus Pestbezirken kommen, ist vielleicht notwendig, vielleicht auch genügend organisiert, jedenfalls auf einzelnen Strecken sehr lästig. Ich glaube nicht, dass mir während der kritischsten Woche meiner Krankheit öfter der Puls gefühlt wurde, als auf der verhältnismässig kurzen Strecke Bangalore-Coimbatore.[1])

---

[1]) Ich entnehme einer Zeitungsnotiz, dass man die bisherige Art der Überwachung des Gesundheitszustandes in der Präs. Madras weil unzweckmässig und lästig aufheben will.

Lästig ist auch die polizeiliche Überwachung, die von den am Bahnhof aufgestellten englischen Polizei-Inspektoren beinahe auf jeder grösseren Station vorgenommen wird, auch dann, wenn die Fahrt nicht unterbrochen wird — nicht immer mit dem nötigen Takt. Vielleicht richten sich die Massnahmen mehr gegen die russischen Anarchisten, deren Verbindung mit den bengalischen Bombenwerfern vorausgesetzt wird, als gegen den, übrigens auch hier gefürchteten, deutschen Spion. Merkwürdigerweise scheint sich die Überwachung, abgesehen natürlich von den nordwestlichen Grenzgebieten, auf den Bereich der Präsidentschaft Madras zu beschränken.

Meine Reise fiel, wie bereits angedeutet, in eine politisch erregte, geradezu kritische Zeit. Wenige Tage nachdem ich Tutikorin verlassen hatte, waren dort und im nahen Tinnewelly schwere Unruhen ausgebrochen, die sich gegen die Europäer richteten. Also im äussersten Süden, der sich bei allen früheren nationalen Bewegungen teilnahmslos verhalten hatte! In Bombay, der mit Europa am engsten verknüpften Stadt, hat die strenge Verurteilung eines hochbegabten indischen Agitators, Tilak, das Signal gegeben zu einem gewaltigen Arbeiterstreik, zu schwerer Bedrohung der Europäer und — eine bedenkliche Erscheinung — zur Schliessung der Bazare seitens der Hindus und Mohamedaner, welche hierdurch ihre Sympathien mit dem Verurteilten zum Ausdruck bringen wollten. Im Punjab wurde eine Gährung der Landbevölkerung, welche infolge geplanter hoher Besteuerung entstanden war, durch Konzessionen gedämpft. Aus Bengalen erschienen in rascher Aufeinanderfolge Berichte über Mordanfälle und Bombenattentate. Gerichtsverhandlungen über solche Vorkommnisse waren an der Tagesordnung. Vom äussersten Norden bis zum äussersten Süden wurden die Schienenwege, insbesondere Brücken und Einschnitte scharf überwacht, um Bombenattentaten vorzubeugen. Auf den gefährdeten Strecken machte sich eine gewisse Nervosität des Bahnpersonals, aber kaum des Publikums bemerklich. In den Bazaren verkündete manches Schild, auch in englischer Sprache, dass hier die Swadesi-Bewegung Wurzel gefasst habe, das Streben, die fremden, insbesondere die englischen Waren zugunsten der heimischen auszuschliessen. Pflanzer, Beamte und Kaufleute erhoben allentwegen die Klage, dass die Autorität der Europäer geschwunden sei. Die Missionäre berichteten übereinstimmend, dass an Stelle ruhigen Anhörens heftiger Widerspruch, lärmende Unterbrechung oder gar Bedrohung getreten sei. — An so hochbedeutsamen Vorgängen konnte ich, wenn sie auch meinen Studien fern lagen, nicht vorübergehen, ohne mich durch Erkundigung bei Europäern der verschiedensten Berufe, bei Eingeborenen der verschiedensten Nationalitäten und Religionen sowie durch Lektüre der einschlägigen Literatur über die Ursachen der so tiefen Bewegung einigermassen zu orientieren.[1]) Hat sie doch bis zu einem gewissen Grade zu einer Überbrückung der religiösen Gegensätze zwischen Hindus und Mohamedaner geführt, auf welchen sich ja die englische Herrschaft über Indien aufbaut; ja sogar zur bewussten Annäherung der höheren Hindukasten an die niederen, um auch diese zum Kampf gegen die Engländer zu organisieren. — Die tiefste Ursache der Bewegung liegt in der instinktiven Abneigung gegen das fremde Herrschervolk, angesichts des Unterschiedes der Rasse, der Religion und der Lebensgewohnheiten und des hochfahrenden Auftretens einzelner ungebildeter Anglo-Inder. Die Neubelebung des Brahmanismus in den letzten Jahren, fraglos ein Ergebnis der politischen Bewegung, gefördert durch Schrift und mehr noch durch das Wort fanatischer Wanderprediger, steigert die religiösen Antipathien der Massen Zu jenen primären Gegensätzen kommen noch besondere Beschwerden. Der Bauer findet — und wird selbstverständlich von Agitatoren darin bestärkt — dass die Besteuerung des Bodens, die Abgaben für die Bewässerung, die Preise für das vom Staat als Monopol behandelte Salz ihn schwer bedrücken. Der landlose Arbeiter, das Heer der niederen und mittleren Beamten ist durch die tatsächlich eingetretene grosse Steigerung der Lebensmittelpreise bedrängt, mit denen die Erhöhung der Löhne und Gehälter nicht gleichen Schritt hält.[2])

Periodische Dürren und der durch Verbesserung der Verkehrsmittel gesteigerte Export haben eine solche Preissteigerung herbeigeführt. — Die gebildeten und halbgebildeten Schichten unter den Hindus sehen mit Neid und Groll, dass sie trotz aller feierlichen Zusicherungen von den ausserordentlich hoch bezahlten militärischen und den massgebenden Verwaltungsstellen ausgeschlossen sind. Aus ihren Kreisen ertönten zuerst vereinzelt in Zeitschriften, hernach in den regelmässig alljährlich in verschiedenen Städten einberufenen National-Kongressen immer heftigere von zahllosen Winkelzeitungen noch masslos übertriebene Klagen: 1. über die moralische

---

[1]) Ich möchte es mir vorbehalten, an einer anderen Stelle auf diese Verhältnisse, welche die öffentliche Meinung Indiens und Englands beherrschen, näher einzugehen.

[2]) The Homeward Mail vom 5. 7. 09 teilt aus dem letzten Indian Trade Journal mit, dass sich der Durchschnittspreis für die Hauptgetreidearten im Jahre 1908 um 26,6 % erhöht hat.

Verarmung des indischen Volkes als notwendige Folge der Abhängigkeit von einem fremden Volk, wie sie sich z. B. äussert in der Verkümmerung aller Initiative in der Politik und im Wirtschaftsleben; 2. über die materielle Verarmung. Sie sei herbeigeführt durch die Vernichtung des ehemals so blühenden indischen Gewerbes, durch die noch anhaltende Unterbindung der indischen Baumwoll-Industrie, der eine besondere Steuer auferlegt ist. Durch die Aufrechterhaltung des Freihandels werde überdies jede industrielle Neuentwickelung erschwert. Notwendigerweise müsse ferner der jährliche „Drain" von 20 Millionen £ für Pensionen und Schuldzinsen nach England (eine ganz kritiklose Zusammenstellung!), dann von weiteren Summen für nichtindische, sondern lediglich imperialistische Zwecke (Krieg in China, Vorschiebung der Landesgrenzen, Gesandtschaften in Persien und Afghanistan) das Land in Armut stürzen. Die heftigsten Anklagen erheben sich jedoch gegen das absolutistische Regiment, das, ohne den Rat berufener gewählter Vertreter einzuholen, Massnahmen von entscheidender Wichtigkeit durchführe, die zuweilen auch das Volksempfinden auf das tiefste treffen, wie die Teilung Bengalens.

Es bedarf keines weiteren Hinweises, in welch hervorragendem Masse die Siege der Japaner das Selbstbewustsein aller indischen Rassen, insbesondere ihrer leitenden Klassen gesteigert haben. — Das Einlenken der angloindischen Regierung in der letzten Zeit, die Gewährung einer bescheidenen Anteilnahme an der Exekutive und einer ausgiebigen an der Legislative hat zweifellos bereits jetzt zur teilweisen Beruhigung beigetragen. Ob die tief aufgewühlten Massen der Hindu, insbesondere der Bengali sich nicht doch noch von unversöhnlichen Fanatikern zu gelegentlichen Revolten werden hinreissen lassen, ist fraglich. Auswärtige Verwicklungen könnten die noch immer vorhandene Gährung steigern. Aber einer gewaltsamen Bewegung werden wohl die meisten bisherigen Führer dank dem letzthin bekundeten weitsichtigen Entgegenkommen der englischen Regierung fernbleiben. Schon in der letzten Tagung des Nationalkongresses zu Madras im Dezember 1908 haben die Wortführer wieder Äusserungen der Anerkennung gefunden für die Leistungen des englischen Volkes in Indien. Und in der Tat, mag ein Teil der früher hervorgehobenen Beschwerden berechtigt sein, mag man zugeben, dass stets das Interesse des herrschenden Volkes in erster Linie gewahrt wurde, dass noch zahllose Kulturaufgaben in Indien der Durchführung harren: England hat dennoch auf einem kampfdurchwühlten, von korrupten Herrschern und Beamten geleiteten

Gebiet ein Friedensreich und, soweit der direkte Einfluss und das unmittelbare Vorbild der englischen Beamten reicht, einen Rechtsstaat geschaffen, wie ihn Indien seit Asokas Zeiten nicht gesehen hat. England hat insbesondere in den letzten Jahrzehnten manchen Zweigen der materiellen Kultur tatkräftige Fürsorge zugewendet. Eben jener Lord Curzon, der durch die Teilung Bengalens schwere Verwicklungen heraufbeschworen hat, hat der Förderung des materiellen Wohls grosse Aufmerksamkeit gewidmet und dementsprechend die Verwaltungsorganisation ausgestaltet. — Wer übrigens je Gelegenheit hatte, die Zustände der direkt unter englischer Herrschaft stehenden Gebiete mit denen in den meisten Eingeborenenstaaten zu vergleichen, dem wird sich wohl die Überzeugung von der Wohltat einer straffen europäischen Oberleitung in Indien aufdrängen.

Von einer Darstellung der zeitlichen Aufeinanderfolge meiner Fahrten in Indien möchte ich an dieser Stelle absehen. Der Übersichtlichkeit und Kürze halber wird sich eine Skizze der gewonnenen Erfahrungen und Beobachtungen nach wirtschaftlichen Gesichtspunkten empfehlen. Es wird aus ihr hervorgehen, dass ich, von Assam abgesehen, alle typischen Landschaften Indiens kennengelernt habe und überdies die miteinander so scharf kontrastierenden Gebirgslandschaften Baluchistan und Kashmir. Ich traf in Triest am 20. September 1908, unmittelbar vor Ablauf meines Urlaubs nach 11 monatlicher Abwesenheit ein; die beabsichtigte Fahrt nach Ostafrika musste ich infolge des allzu ausgedehnten, teilweise unfreiwilligen Aufenthalts in Ceylon zu meinem grössten Bedauern aufgeben. — Die Erfüllung meines sehnlichsten Wunsches, mit den in Indien gewonnenen Erfahrungen als Massstab unser physisch Süd-Indien so ähnliches Ostafrika bereisen zu dürfen, bleibt der Zukunft vorbehalten.

Indien ist in erster Linie ein Agrikulturstaat. Von der Landwirtschaft lebt direkt und indirekt der bei weitem überwiegende Teil der Bevölkerung (wohl 90 %). Auf den landwirtschaftlichen Steuern beruht in erster Linie der Staatshaushalt. Die grossen Ernteschwankungen der indischen Landwirtschaft gefährden nicht nur das Leben von etwa 50 Millionen Menschen, sondern auch das gesamte Staatsbudget. Bei der grossen Ausdehnung der Gebiete innerhalb der Tropen und Subtropen, bei der Mannigfaltigkeit der Niederschlagsverhältnisse und der Bodenzusammensetzung sind hier die

Vorbedingungen für den Anbau von zahllosen Nähr-, Handels- und Medizinalpflanzen gegeben. Die Bewohner Indiens haben die vielförmigen Varietäten ihrer Nutzpflanzen und Nutztiere, die Methode des Anbaus und der Fruchtfolge, sowie die Veranstaltungen für die Bewässerung in mehrtausendjähriger Erfahrung ausgebildet. Freilich treten uns in Bezug auf Sorgsamkeit und Gründlichkeit des Anbaus, Leistungsfähigkeit der Bewässerung und der Ackergeräte bedeutsame Unterschiede in den verschiedenen Teilen des Landes entgegen.[1]) Welch beneidenswerte Aufgabe für das europäische Herrschervolk — die ihm sowohl wie den Beherrschten zugute käme — die Gesamtheit dieser Landwirtschaft von der allerdings nicht zu unterschätzenden Stufe der Tradition auf die Grundlage der Wissenschaft zu erheben. Zur wirksamen Durchführung einer so gewaltigen und vielseitigen Aufgabe bedürfte es einer grossen das ganze Reich umfassenden und ineinandergreifenden Organisation. Sie besteht nunmehr, oder vielmehr sie ist nahezu zum Abschluss gebracht, aber erstaunlich spät. Wie ich erfuhr, sind erst auf Lord Curzons Anregung hin die oberen Instanzen dieser Organisation ausgebaut worden. Und schon hat sie eine grosse Zahl von Arbeiten in Angriff genommen, aber eine noch ungleich grössere Zahl von Fragen aufgeworfen. An ihrer Spitze steht seit 1901 ein Generalinspektor der Landwirtschaft. Er ist der Vorsitzende einer Landwirtschaftskammer (Board of Agriculture), der die bedeutendsten Vertreter des Landwirtschaftswesens in den einzelnen Provinzen Indiens angehören. Sie berät und entscheidet über die Unterrichtspläne der höheren landwirtschaftlichen Schulen in Indien, über Untersuchungen, die sich auf das ganze Reich oder grössere Teile desselben erstrecken sollen, sie grenzt die Arbeitsgebiete ab für das Imperial Research-Institut zu Pusa und für die provinzialen landwirtschaftlichen Behörden. Dank dieser Organisation konnte der Versuch einer grundlegenden Vorarbeit für die Verbesserung der Landwirtschaft übernommen werden: Der Feststellung der Varietäten und Produktionsbedingungen der wichtigsten Nutz- und Handelspflanzen innerhalb des ganzen Reiches. Für die Baumwolle, das Zuckerrohr und den Tabak ist die Aufgabe ganz, für den Weizen in nicht eben befriedigender Weise erledigt. — Eine wirksame und willkommene Mithilfe gewähren die Sachverständigen der grossen europäischen Interessenvereinigungen. Dank der Tätigkeit des Sachverständigen

[1]) Hereditary skill in cultivation is not nearly so developed in some castes as in others; thus Rajputs Brahmans and Kolīs are, generally speaking inferior as cultivators to Jāts Kurmīs, and Kāchīs. The Imperial Gazetteer of India Vol. III. 1907, p. 6.

für Faserpflanzen, Mr. Finlows von der Jute-Association, ist eine ähnliche Untersuchung für diese besonders wichtige Faserpflanze sowie für zahlreiche andere erfolgt (wie für Hibiscus Canabensis, welcher als bester Ersatz für Jute empfohlen wird). Dem Verein der Teeinteressenten für Assam und Bengalen verdanken wir die bedeutenden Untersuchungen und Feststellungen Dr. Mann's über die Faktoren, welche die Güte des Tees beeinflussen. Ebenso hat die Behar Indigo-Association im Kampf gegen den synthetischen Indigo durch Untersuchungen verschiedener Varietäten, durch Neueinführung der Sumatra-Natal-Varietät sowie durch rationellere Methoden der Gewinnung des Indigos vom Gesichtspunkt der indischen Landwirtschaft betrachtet, Verdienstliches geleistet.[1]) Trotz dieser Entlastung durch private Körperschaften wird der Reichsorganisation durch die Aufnahme und Feststellung der verschiedenen Varietäten der übrigen zahlreichen Nutzpflanzen eine schier unabsehbare Aufgabe erstehen. Man denke nur an die Kultur des Reises und der so mannigfachen Hirsearten. Dazu kommen noch Aufgaben theoretischer Natur, die kartographische Aufnahme der verschiedenen Bodenarten und weitere Versuche ihre Entstehung zu erklären. — Einen Teil der theoretischen Aufgaben übernimmt das mit Ländereien, Museen, Laboratorien u. s. w. glänzend ausgestattete Agriculture Research Institut zu Pusa, zu dessen Ausbau ein Amerikaner £ 30,000 beigetragen hat. In dem durch Klima und Boden sowie hinsichtlich der Mannigfaltigkeit seiner Erzeugnisse hochbegünstigten und deshalb dichtbevölkerten Behar gelegen, vermag es, dank seinem grossen wissenschaftlichen Stabe und seinen schier unbeschränkten materiellen Mitteln schwierigere und weitläufigere, über provinziale Interessen hinausgehende Untersuchungen durchzuführen. Hier werden im Interesse der Landwirtschaft und des Handels durch Mr. Howard die schon in Angriff genommene Aufgabe der Feststellung der Weizenvarietäten und Kreuzungsversuche der verschiedenen indischen und ausserindischen Sorten zu Ende geführt, Anweisungen ausgearbeitet über die Erzielung und Verbreitung reiner Saaten und über die besten Methoden der Aufspeicherung während des Monsunes. Ein auch für den Handel bedeutsames Buch über indischen Weizen ist von dieser berufenen Seite zu erwarten. Der Agriculturchemiker Dr. Leather, der schon früher die chemische Zusammensetzung der indischen Böden sowie

---

[1]) Ein Verzeichnis der wichtigsten Arbeiten findet sich in den »Publications of the Imp. Department of Agriculture in India (Thacker & Spink, London u. Kalkutta).«

die Salzanreicherung der Steppenböden (Usar) in den Bereich seiner Untersuchungen gezogen hat (vergleiche Agriculture Ledger 1898, 1897), hat in neuen Ermittlungen die schon bekannte Tatsache bestätigt, dass dem Boden in den Tropen und Subtropen durch Regen und Tau nur in ganz unbeträchtlicher Menge Stickstoff zugeführt werde. Besonders bedeutsam sind die Resultate seiner Untersuchung über die Durchlässigkeit des Bodens und über den Verlust des Bodens an Wasser während der trockenen Jahreszeit. Auf die zahlreichen Arbeiten über die Schädlinge und Krankheiten der Nutzpflanzen, welche wie die zwei letztgenannten, in den Memoirs of the Department of Agriculture erschienen sind, darf ich nur hinweisen. — Noch bleibt eine Fülle von Aufgaben zu erledigen. Es sind, wie Dr. Mann hervorhebt, Erscheinungen zu erklären, die der chemischen Analyse unzugänglich sind, wie z. B., dass der Schwarzboden, der an und für sich keineswegs reich ist, Jahr für Jahr und so ziemlich ohne Düngung Erträge bietet, während Knochendünger seine Ergiebigkeit eher vermindert als erhöht. Unerklärlich ist auch die unerschöpfliche Fruchtbarkeit des bengalischen Bodens. Nach europäischen Gesichtspunkten und Erfahrungen bemessen, müsste der verfügbare Nahrungsvorrat für die gleichen immer wieder angebauten Pflanzen längst erschöpft sein. „Sind also“, fragt Dr. Mann, „die Anforderungen der Pflanzen hinsichtlich der Ernäherung in den Tropen und Subtropen andere als in der gemässigten Zone?“ — In vieler Beziehung hängen die Leistungen der Landwirtschaftskammer und des Instituts zu Pusa von der Unterstützung durch die provinziale Organisation ab. Sie ist in den neueren Provinzen nicht ganz beendet. In den meisten ist ein Stab vorhanden, der sich aus einem sachverständigen stellvertretenden Leiter des Landwirtschaftswesens zusammensetzt, aus einem oder mehreren landwirtschaftlichen Praktikern, einem Chemiker und einem Botaniker. An dem Sitz dieser Behörden befindet sich zuweilen wie in Puna (Präsidentschaft Bombay), Coimbatore (Präsidentschaft Madras), Nagpur (Zentralprovinz) ein landwirtschaftliches College und selbstverständlich eine Versuchsstation, die neben Lehrzwecken auch der Durchführung wissenschaftlicher Aufgaben dient. Neben den Hauptstationen sind in allen Provinzen zahlreiche andere kleinere angelegt, wohl an die Hundert. Sie sind mehr noch als die erstgenannten an Punkten gelegen, welche durch Klima oder Bodenzusammensetzung oder beide Faktoren zugleich für eine grössere Landschaft typisch sind.

Ich traf in den erwähnten Zentren hervorragende Fachmänner, welche dank ihrer mehr oder minder langen Praxis in Indien und ihrer theoretischen Arbeiten wohl befähigt waren, über den landwirtschaftlichen Charakter ihres Gebietes im allgemeinen und insbesondere über die ihnen zugewiesenen und von ihnen besonders gepflegten Kulturen Auskunft zu erteilen. Ich besuchte folgende Stationen: Coimbatore (Madras), das auf seinem roten und schwarzen Boden neben dem Anbau des Reises, des Sholam (im Norden Juar genannt) [Andropogon Sorghum], des Zuckerrohres u. s. w. Baumwollkulturversuche mit reinen Saaten und tieferer Pflügung durchführt; Bangalore (Mysore), wo einer der hervorragendsten Sachverständigen Indiens, der Deutsch-Canadier Dr. Lehmann, seine Aufmerksamkeit der in Süddekkan weit verbreiteten nahrhaften Hirseart Ragi (Eleusine Coracana) sowie dem Zuckerrohr und der Erdnuss widmet, aber auch den von mir besuchten Kaffeeplantagen am Ostabhang der Westghats (N. M. Mysore Kadur) ein tiefgehendes Interesse entgegenbringt. Bemerkenswert sind wohl seine Nachweise einer weitgehenden Übereinstimmung zwischen dem spezifischen Gewicht der Kaffeebohnen und ihrer Bewertung auf dem Markte.[1]) In und um Bellary (Dekkan Madras), im Bereich des Black cotton soil, fand ich drei Stationen beinahe ausschliesslich Baumwoll-Versuchen gewidmet. Hier galt es vor allem, abgesehen von regelmässigen Düngungsversuchen, unter den einheimischen Baumwollvarietäten die relativ besten zu pflegen, reine Saaten zu gewinnen und unter die Landbevölkerung zu verteilen, um sie von dem Vorteil des Anbaues reiner Varietäten zu überzeugen. Zum erstenmal wurde auf einer dieser Stationen, Hagari, der Versuch einer künstlichen Bewässerung vermittels eines Petroleummotors unternommen. Es sollte gleichzeitig das Vorurteil überwunden werden, als ob der schwarze Boden eine künstliche Bewässerung nicht vertrage. Die Versuche sind zu neu, um über ihre Wirkungen ein Urteil abzugeben. — In Puna, wo der hervorragendste Kenner der indischen Baumwolle, G. A. Rammie, weilt — er hat sich die botanische Klassifikation der Baumwollarten zur Aufgabe gemacht —, wurden gerade damals mehr oder minder resultatlose Versuche mit der Einführung der verschiedenen Baumwollbäume vorgenommen. Daneben wurden Untersuchungen über den rationellen Anbau anderer Faserpflanzen wie Jute, der verschiedenen Arten von Agave und über die zweckmässige Pflege der wichtigsten Fruchtbäume, wie z. B. der Mangoarten durchgeführt. Selbstverständlich unterliess ich es nicht, Vorträgen Dr. Mann's im College beizuwohnen, schon um ein ungefähres Urteil über das geistige und soziale Niveau der ca. 20 jährigen Hörer zu gewinnen.

---

[1]) Dep. of Agriculture Mysore State. Bangalore 1905.

Landschaftlich und ethnographisch (wegen der anthropologisch völlig rätselhaften Todas), wie nicht minder in wirtschaftlicher Hinsicht boten die über 2300 m ansteigenden Nilgiris, in denen West- und Ostghats zusammenstossen, das höchste Interesse. Der Steilabfall des Gebirges gegen Südost gewährte hier die Möglichkeit der Anlage einer Stufenleiter von Stationen (fünf an der Zahl), in welchen die Einwirkung der Bodenerhebung und der mit ihr ursächlich verknüpften Temperatur- und Niederschlagsverhältnisse bei ziemlich gleichartiger Bodenzusammensetzung auf das Gedeihen der verschiedensten Kautschuk-, Gewürz-, Faser-, Futterpflanzen und Fruchtbäume zur Wahrnehmung gelangen. In Mr. Proudlock, dem unermüdlichen und verdienstvollen Kurator dieser Gärten, fand ich einen ebenso sachverständigen wie liebenswürdigen Führer. Auf den Nilgiris befinden sich auch die für die Versorgung Südindiens mit Chinin so wichtigen Cinquona-Anlagen und eine Chininfabrik. In den Privatpflanzungen zeigt sich allerdings ein stetiger Rückgang der hier eingeführten weniger ertragreichen Cinquona-Officinalis. Dagegen wird der Anbau der mehr als 8 % Chinin enthaltenden Ledgeriana in den Regierungsplantagen am Dodabetta oberhalb Ootakamunds und am Westrande der Nilgiris im Nedavatam systematisch erweitert. Die Chininfaktorei, welche hier angelegt ist, verarbeitet auch noch beträchtliche Mengen der Javabarke, die eigenartiger Weise in Rotterdam angekauft wird. Von Nedavatam wird ganz neuerdings die Cinquona Ledgeriana nach der unmittelbar am Fuss dieser Station gegen Nordwesten sich ausdehnenden Landschaft Vynaad verpflanzt. Eine herrliche, aussichtsreiche Gebirgsstufe von etwa 1000 m Erhebung, die sich steil zur Westküste herabsenkt, aussichtsreich nicht nur für den Anbau von Kaffee, Tee und Pfeffer, sondern auch für die sich rasch erweiternde Kautschukkultur und für die Anlagen von Teakforsten. Leider war es mir nicht vergönnt Talibaramba, die Pfefferfarm an der feuchtheissen, palmenreichen Malabarküste, zu besichtigen, da sie durch den Ausbruch der Cholera in ihrer Nähe vom Verkehr abgeschlossen war. Eine der zahlreichen Weizenfarmen in Sind oder Punjab aufzusuchen, habe ich mit Rücksicht darauf, dass der Weizen beinahe durchweg als Winterfrucht angebaut wird, unterlassen. Grosses Interesse gewährte mir der Besuch einer Rieselfarm bei Karachi, in der ägyptische Baumwolle angebaut war. Hier, wie in allen anderen Stationen des Nordwestens liess sich beobachten, dass die Pflanze unter den Ägypten so ähnlichen Vorbedingungen ausgezeichnet gedeiht, aber dann zum grössten Teil dem Bollwurm zum Opfer fällt.

Raummangel verbietet es mir, auf die in Baluchistan und Kashmir beobachteten Verhältnisse näher einzugehen. Es sind, hauptsächlich vom Reis abgesehen, dieselben Nutzpflanzen, die in beiden Landschaften gezogen werden könnten. Aber unter welch grundverschiedenen Bedingungen. Dort eine Gebirgswüste mit breiten, geröll- und kiesbedeckten zuweilen aber von fruchtbaren Schwemm- und Loesböden erfüllten Talungen, innerhalb welcher Quellen und unterirdische Wasserführungen, Karez genannt, spärliche Oasen schaffen, die kriegerisch-nomadenhafte Bevölkerung unter englischem Regiment in langsamem Übergang zum Ackerbau und zur Sesshaftigkeit begriffen. Hier ein wasserreiches Senkungsgebiet, in welchem eine bis zum Knechtsinn friedliche Bevölkerung auf schwimmenden Gärten, auf den breiten Alluvialböden des „glücklichen Tales" sowie in den mühelos bewässerbaren Nischen der Gebirgsumfassung mit unendlicher Sorgfalt Reis, mit weit geringerer Hirse und Ölsaaten zieht, ferner mit grösserer Liebe wieder die verschiedenartigsten Früchte und zahllose Gemüsearten. Nicht Wassermangel, sondern unzeitige Überflutungen bilden hier eine Gefahr der Landwirtschaft. Auch in Kashmir werden durch die einheimische Regierung systematische Versuche zur Hebung von Acker- und Obstbau angestellt. Aber das wesentlichste Verdienst um die rasche Entwicklung des Wirtschaftslebens im letzten Jahrzehnt dürfen die englischen Residenten für sich in Anspruch nehmen, welche die Befreiung der Bevölkerung aus einem Zustand von Knechtschaft und völliger Rechtlosigkeit herbeigeführt haben.

Die Gärten von Lahore und Agra, die ich hernach besuchte, treten völlig zurück gegenüber der schon erwähnten Station Pusa, in der ausgedehnte Versuche mit Jute und Indigo Neues boten. Bemühungen, den Flachsanbau einzuführen, hatten hier ebenso wenig Erfolg wie sonst im allgemeinen in anderen Teilen Indiens. Dem als praktischen und theoretischen Tropenpflanzer hochgeschätzten Direktor G. B. Coventry und dem schon erwähnten Agriculturchemiker Dr. Leather schulde ich für Aufklärung und Führung den grössten Dank. Nirgendwo konnte ich meine Orientierung über die landwirtschaftlichen Verhältnisse Indiens besser abschliessen, als an dieser zentralen Stelle. Ich kann nur dem Bedauern Ausdruck geben, dass ich meinen Aufenthalt daselbst nicht auf Wochen ausdehnen konnte. — Die schweren Monsunregen in der Mitte des August und der bevorstehende Ablauf meines Urlaubs hinderten mich, das Teegebiet von Assam zu besuchen, doch glaubte ich mit Rücksicht auf meine vorangegangenen Besichtigungen der Teepflanzungen von Ceylon und in den Nilgiris den Rest meiner Zeit für einen längeren Aufenthalt in Kalkutta und in den Kohlenbergwerken Bengalens aufsparen zu müssen.

Die Einwirkung dieser Stationen auf die landwirtschaftlichen Verhältnisse Indiens kann schon für die Gegenwart aber weit mehr noch für die Zukunft nicht hoch genug angeschlagen werden. Der Augenschein belehrt zuerst die nähere und dann die weitere Nachbarschaft über die in der Regel eintretenden Vorteile der Anwendung besserer, nicht immer eiserner Pflüge und tieferen Pflügens, regelmässiger Düngung, sorgfältigerer Auswahl des Saatgutes und besseren Fruchtwechsels. Dazu kommt die regelrechte Ausbildung, welche die Jugend an den mit den Stationen verknüpften Lehranstalten empfängt. Von Zeit zu Zeit werden auch für praktische Landwirte kurze Demonstrationskurse abgehalten, um sie mit der Handhabung besserer Pflüge, kleinerer Maschinen, wie z. B. zur besseren Ausnützung des Zuckerrohrs, anzuleiten. Die Abhaltung von Ausstellungen, die Verteilung von reinen Saaten, die Prämierung von Anbauten mit reinen Saaten pflegt, wie teilweise schon angedeutet, ebenfalls von diesen Stationen auszugehen. Die Berichte der letzten Jahre ergeben, dass der Landwirt Indiens sich neuen Anregungen und Verbesserungen gegenüber keineswegs völlig ablehnend verhält. — Viel zugänglicher als die kleinen und die grossen Hindu-Landwirte sind die europäischen Pflanzer. Ihre Zahl ist freilich eine relativ bescheidene, und ihr politischer Einfluss auf die Massnahmen der Regierung ist dadurch beeinträchtigt, dass sie sich auf drei weit auseinander liegende Gebiete, die Nilgiris und Koorg, Behar und Assam, verteilen. Am meisten klagen die südindischen Pflanzer über die geringe Berücksichtigung ihrer Interessen durch die Regierung. Der Rückgang des Kaffeeanbaus infolge des Wettbewerbs anderer, durch bessere Verkehrsverhältnisse begünstigten Länder gibt wohl am meisten Anlass zur Klage. Sind auch Klima und Bodenzusammensetzung dem Kaffeeanbau in den Nilgiris und in Nordwest-Mysore und Koorg ausserordentlich hold, so wird doch teilweise sein Gebiet zu Gunsten der Teeanpflanzungen eingeschränkt infolge der steigenden Preise für dieses Reizmittel während der letzten Jahre. Ich durfte eine mir besonders empfohlene, vorzüglich geleitete Kaffeeplantage in Nordwest-Mysore (Mr. Denne Santaveri) und mehrere, darunter einzelne musterhaft betriebene, Tee- und Kaffeeplantagen an den Hängen des Nilgirigebirges besuchen.

Die Einführung rationeller Methoden der Bewässerung ist eine weitere überaus wichtige Aufgabe der Versuchstationen. In den niederschlagsarmen Gebieten des Punjab und Sinds wird der Boden offenbar durch übermässige Anwendung und Stagnation des Wassers wieder unergiebig, da sich eine zu starke Salzanreicherung einstellt. Hier gilt es, durch Versuche festzustellen, welche Wassermengen ungefähr für den Anbau bestimmter Erzeugnisse in Anspruch zu nehmen seien und in welchen Zeitabschnitten. In Südindien, wo die Wasserhebung aus den tief eingeschnittenen Flüssen und den Tanks grosse Kosten erheischt, werden, wie z. B. in Hagari, Petroleummotore eingeführt, durch welche die Hebungskosten auf die Hälfte verringert werden. Überhaupt ist die Verbesserung und gewaltige Vermehrung der schon aus früherer Zeit bestehenden Bewässerungsanlagen in Indien (je nach der Bodenzusammensetzung überwiegen in verschiedenen Landschaften Quellen, Tanks oder Kanäle) eines der unbestreitbarsten Verdienste der englischen Verwaltung. Ausser Assam, Ost-Bengalen und der Malabarküste gibt es keine Landschaft in Indien, die nicht wenigstens zeitweise auf künstliche Bewässerung völlig angewiesen wäre.[1]) Anbau und Besiedelung des nahezu regenlosen Indusgebietes ist von der Irrigation völlig abhängig. Millionen von Acres sind gerade in diesen Gebieten neu erschlossen, und eine in Indien bisher wenig gewohnte Erscheinung, die Massenabwanderung von übervölkerten Gebieten nach bisher spärlich bewohnten, wird systematisch organisiert. Natürlich sind solche Kanäle von grösster Bedeutung, welche während des ganzen Jahres ihre Aufgabe erfüllen können. In der Regel ist jedoch zur Aufrechterhaltung eines ständig genügend hohen Wasserstandes die Errichtung kostspieliger Wehren unterhalb der Kanalabzweigung erforderlich, wie dies von alters her im Mündungsgebiet des Godaveri der Fall ist.

Ich hatte Gelegenheit in die vorbereitenden Studien und Arbeiten für die Errichtung eines Wehrs quer durch das Bett des Indus oberhalb Sukkur in Sind genauen Einblick zu gewinnen. Hier hat sich der Indus zum erstenmal in seinem Unterlaufe in ein festes und darum enges Bett von Kalkgesteinen eingeschnitten. Die Stelle, welche auch sonst durch die Überbrückung des Stromes verkehrsgeographisch und strategisch von hervorragender Wichtigkeit ist, schien für die Anlage eines Dammes, trotz der gesteigerten, jahreszeitlich natürlich wechselnden, aber immer enormen Stromstärke besonders geeignet. Lotungen haben jedoch erwiesen, dass die aussergewöhnlichen Tiefenverhältnisse, welche sich aus der erhöhten Erosions- und Transportkraft des Wassers ergaben, den Bau des Wehrs an dieser sonst begünstigten Stelle ausschliessen. Es hat sich demnach die

[1]) Über die Schwarzböden vergl. p. 13.

Verlegung des geplanten Wehrs um einige km nordwärts an eine ungleich breitere Stelle als notwendig herausgestellt. Die Abdämmung des Indus erscheint aber trotz der ausserordentlichen Kosten als unabweislich, da dem Strom schon im Punjab gewaltige Wassermengen entnommen werden und infolge neuer Pläne noch weitere entnommen werden sollen. Nach Durchführung des grossen Werkes ist nicht nur die Möglichkeit geboten, die bereits abgezweigten Kanäle ständig mit Wasser zu versorgen, sondern auch durch Neuanlagen nahezu dreimal so grosse Flächen dem Weizen- und Baumwollbau zu gewinnen. — Die mir aus dem Voranschlag dieses Riesenunternehmens zur Verfügung gestellten Zahlen dürften seine Bedeutung illustrieren.

Voraussichtliche Kosten:

Sukkur-Wehr	Rup.	20,000,000 [1])
Rohri Kanal	„	45,000,000
Oestl. Nara	„	10,000,000
Kanal am rechten Ufer	„	40,000,000
Summa	Rup.	115,000,000 = ca. 8,000,000 £

Während bisher von den 27 Millionen Acres Sinds nur etwas über $3^1/_2$ in Anbau genommen sind, soll sich nach Durchführung des Projektes die Anbaufläche auf über 9 Millionen Acres erstrecken, d. h. beinahe auf das ganze überhaupt anbaufähige Areal der Provinz. Aber dieses Projekt ist nur eines von den in ernstliche Erwägung gezogenen Riesenunternehmungen innerhalb des Indusgebietes. Nach ihrer Durchführung wird sich der bisher so schwankende, in erster Linie vom heimischen Verbrauch abhängige Weizen- aber auch der Baumwollexport Indiens mit grösseren Massen und in grösserer Regelmässigkeit auf europäischen Märkten einstellen.

Viehzucht. Der Segen der künstlichen Bewässerung ist kein uneingeschränkter. Längs der Kanäle wütet in den neuen Ansiedlungen in überaus heftiger Weise die Malaria, und die durch die Konkurrenz der Bahnen ohnehin unterbundene Schiffahrt wird speziell auf dem Indus völlig von der Bildfläche verschwinden. Noch eine andere und zwar bei weitem wichtigere Erwerbsquelle wird durch die Ausdehnung der Irrigation eingeschränkt: die Viehzucht, da ihr die Weideflächen eingeengt werden. Zwar liefern die Haustiere dem Hindu, abgesehen von Milch und Butter, keinen Beitrag zur Ernährung. Ihm ist im Gegensatz zum Mohamedaner der Fleischgenuss untersagt. Allein es sind ihm doch das Buckelrind und der Büffel zunächst als

[1]) 1 Rup. = ℳ. 1.40.

Pfluggespann unentbehrlich. Jenes für die feuchten, dieser für trockene Böden. Sie sind ferner die meistverbreiteten Zug- und Lasttiere; und die, abgesehen von Nordindien und seiner nördlichen und nordwestlichen Gebirgsumrandung, qualitativ nicht hochstehenden Schafe und Ziegen repräsentieren doch durch ihre grösstenteils zur Ausfuhr gelangenden Häute, weniger freilich durch ihre Wolle und Haare, beträchtliche Werte, und schliesslich müssen all die genannten Tiere als unentbehrliche Düngerlieferanten angesehen werden. — Wenn auch die Literatur über die Nutztiere Indiens bekanntermassen durchaus unbedeutend und unvollständig ist, wird vielleicht doch der Versuch durchführbar sein, die regionalen Verschiedenheiten hinsichtlich der Ausstattung mit Nutztieren mit der Natur der Landschaften in Verbindung zu bringen. In die Augen springend ist der Gegensatz zwischen den mit Reis bedeckten Deltagebieten mit ihrem verkümmerten Rinderschlag, dem es an Weiden gebricht, und etwa den Landschaften am Hange der Ostghats mit ihrem kräftigen, ausdauernden und reichhaltigen Viehstapel (besonders von Nellore) infolge der ausgedehnten, wenn auch keineswegs üppigen Weiden. Während sich ferner die den Ostghats westlich vorgelagerten Schwarzböden, welche ganz dem Ackerbau gewidmet sind, notgedrungen auf die Haltung von Zug- und Milchtieren beschränken, weisen die reichen Acker- und Graslandschaften Nord-Gutscherats die prächtigsten und meist gesuchten Rinderschläge Indiens auf. — Wiederum sind es die Versuchsfarmen, welche sich um die Einführung und Verbreitung der besten indischen Rassen bemühen. Die Versorgung der von europäischen Beamten und Soldaten besiedelten Stationen mit guten, gesunden Milchkühen,[1]) ist angesichts der erschreckenden Verbreitung der Viehkrankheiten von eminenter Bedeutung. — Weit abhängiger von der Landesnatur als die Zucht des Rindes oder des Pferdes, von denen die letztere infolge der langen Friedenszeit arg vernachlässigt ist, ist die Verbreitung des Kameles. Für den ausgezeichnet organisierten, stets mobilen Militärtransport in den Trockengebieten Nordwest-Indiens ist das Kamel bekanntlich von hervorragendster Bedeutung. — Der Elefant begegnet uns nicht allein als Luxustier im Hofhalt des Rajah, sondern als kluger, oft unersetzlicher Gehilfe beim Niederlegen und Transport der Waldbäume.

---

[1]) Die besten stammen aus den Trockengebieten von Montgomery (Punjab) und Karachi (Sind).

Forstwirtschaft. Die Viehzucht wird in noch höherem Masse als durch die Ausbreitung der künstlichen Bewässerung durch den Forstschutz eingeengt. Die Einführung einer geregelten Forstwirtschaft ist bekanntlich das hervorragende Verdienst eines Deutschen, Sir Georges Brandis. Die Vernichtung des Waldes durch Feuer behufs Ausdehnung der Weide oder des Feldes, der Viehtrieb in den Wald, die regellose Entnahme von Laub und Holz waren bis spät in die 60er Jahre hinein alltägliche Erscheinungen. Die Folgen der Waldverwüstung wurden insbesondere in den trockenen Gebieten Indiens sinnfällig. Die gegenwärtige, teilweise auch von den abhängigen Staaten befolgte Forstpolitik der indischen Regierung, durch welche die reservierten Wälder, von Hungerjahren abgesehen, der Nutzung der landwirtschaftlichen Bevölkerung beinahe völlig, durch welche ferner die unter Schutz genommenen (protected) Wälder ihr in weitem Masse entzogen sind, erregt begreiflicher Weise lebhaften Missmut. Er hat sich zuweilen, wie z. B. in Tana (Präsidentschaft Bombay) bis zu offener Widersetzlichkeit und Revolte gesteigert. Am tiefsten greift die moderne Forstpolitik in die Lebensbedingungen der mehr oder minder unsteten Waldstämme ein. Nach Möglichkeit wird ihnen durch Heranziehung zu Waldarbeiten, durch Entlohnung für das Einsammeln von Wachs, gerbstoffhaltigen Rinden, Harzen, Cardamum, Rotangs, sowie durch allmähliche Erziehung zur Landwirtschaft eine neue weniger prekäre Lebensbasis geboten. – Ausser dem indirekten Nutzen, den der Wald durch Erhaltung der Bodenfeuchtigkeit, Regelung des Abflusses und Schutz der Bodendecke gewährt, werden infolge der regelrechten Forstwirtschaft gewaltige Einnahmen erzielt. Zum geringen Teil durch die eben erwähnten Nebenprodukte des Waldes, zum grösseren durch die Verwertung des Waldbestandes selbst. Die wertvollsten und mannigfaltigsten Hölzer liefert nicht etwa der immergrüne Monsunwald der Westghats und des östlichen Himalaja, sondern der laubabwerfende Wald in der trockeneren Zone östlich der Ghats. Der bekannte Salbaum (Shorea robusta), der Teak (Tectonia grandis), das Sandel-, Rosen- und Ebenholz u. s. w. gehören diesem Walde an. Freilich sind einzelne der genannten Bäume, wie insbesondere der Teakbaum auch in den feuchten Randgebirgen vertreten. Der Babul (Accazia arabica) ist der am meisten charakteristische Baum der Trockengebiete. Die Forstverwaltung begnügt sich nicht allein mit der Erhaltung der Wälder, sie hat sich auch im Wettbewerb mit den landwirtschaftlichen Versuchsstationen um die Verbreitung der verschiedensten einheimischen und fremden Kautschukbäume verdient gemacht.[1]) Sie hat ferner die Erweiterung des Bestandes besonders wertvoller Bäume in Angriff genommen. Berühmt ist z. B. die 4500 Acres umfassende Teakanpflanzung in Nilambur in den Westghats, welche in der Tat herrliche Bestände aufweist. Mit grossem Erfolg hat man auch auf den Hochflächen der Nilgiri und in den Palmbergen den australischen Eucalyptus angepflanzt, der zwar keine Zierde der Landschaft ist, aber Schatten und vor allem brauchbares Nutzholz gewährt. In dem musterhaft geleiteten Forstmuseum zu Coimbatore gewinnt man einen Überblick über die wichtigsten der zahllosen Nutzhölzer Südindiens, über die technischen Arbeiten im Forst, über die Lebensverhältnisse der Waldvölker, sowie auch über das Tierleben des Waldes. Die dort ausgestellten privaten Schmetterlingssammlungen der Forstbeamten können wohl den Neid jedes Liebhabers oder Sachverständigen erwecken. Das grossartige indische Museum zu Kalkutta führt in einigen seiner Abteilungen die Gewinnung und Verwertung der nur teilweise schon genannten zahlreichen Nebenprodukte des Waldes in höchst anschaulicher Weise vor Augen. Leider war es mir nicht vergönnt, die Zentralstätte für Forststudium und Forstversuche in Dehra-Dun zu besuchen.

Bergbau. Wie der Forst, so haben auch die unterirdischen Schätze erst in neuester Zeit durch das Eingreifen europäischer Technik eine rationellere Ausbeute erfahren. Doch ist der Bergbau, abgesehen von der Salzgewinnung, Privatunternehmungen überlassen geblieben. Mannigfach sind seine Erzeugnisse. Sie erstrecken sich auf Gold, Kohle, Eisenerze, Mangan, Graphit, Salpeter, Glimmer u. s. w. Dem Werte nach stand die Goldproduktion bis zum Jahre 1907 voran. Der bei weitem grösste Anteil derselben entfällt auf die Kolarfelder von Mysore. Das Gold ist hier an Quarzriffe gebunden, welche Hornblendeschiefer der obersten archaischen (Dharvar) Stufe durchbrechen. Die zahlreichen Betriebe (wohl an dreissig) haben seit 1902 die Dampfkraft durch die elektrische ersetzt, welche von den etwa 170 km entfernten Cauvery-Fällen geliefert wird. Mitten in einer nahezu wüstenhaften Steppe tauchen weit ausgedehnte charakteristische, wenn auch nicht rauchgeschwärzte Bergwerkssiedlungen auf. Ich hatte Gelegenheit, eine der grössten Goldminen, die Mysore-Goldmine, zu besichtigen,

[1]) Doch hat sich der systematische Anbau der Ficus elastica selbst in ihrem Heimatsgebiet Assam als unrentabel erwiesen, während die Versuche mit Caeara (Manihot Glaziovii) und Castilloa elastica im regenreichen Südwesten Indiens vielversprechend sind. In Ceylon hat die Hevea brasiliensis am meisten Verbreitung gefunden.

die angeblich 305,000 Unzen Goldes während des letzten Jahres produzierte und 157 Europäer, 94 Eurasier und über 8000 Eingeborene beschäftigte. Sie erreicht beinahe einen Dritteil des Wertes der Gesamtproduktion Indiens, welche auf 31 Millionen Rupien veranschlagt wurde. — Von ungleich grösserer wirtschaftlicher Bedeutung ist der Kohlenbergbau, wenn auch sein Geldwert zum erstenmal im Jahre 1907 den der Goldgewinnung und zwar um 7 Millionen Rupien überragt hat. Es sind die Reste der einst weit verbreiteten, durch die Erosion abgetragenen oder von der vulkanischen Decke Dekkans begrabenen Kondavanaschichten, an welche die Kohlenlager Indiens in weitaus grösstem Masse gebunden sind. Immerhin ist der Kohlenvorrat ein gewaltiger und seine Ausbeute ist eigentlich erst vor zwei Jahrzehnten regelrecht in Angriff genommen worden. Die grössten zu den leicht abbaubaren Kohlenfelder ziehen sich in Bengalen an dem Damudaflusse entlang, 2—300 km von Kalkutta entfernt. Die rasche Erschliessung der Gruben und die grosse industrielle Entwicklung Kalkuttas haben sich dank dem raschen Ausbau des Eisenbahnnetzes in diesem Gebiet gegenseitig bedingt. Dazu kam noch die Möglichkeit, auf dem billigen Seeweg die Kohlen in ganz Südasien im Wettbewerb mit japanischen, australischen und englischen Kohlen abzusetzen. Wenn die gesamte indische Kohlenproduktion in dem Zeitraum von 1887 bis 1907 von $1^1/_2$ Millionen Tonnen auf 11 Millionen Tonnen gestiegen ist, sich also versiebenfacht hat, so beruht dies in ganz hervorragendem Masse auf dem rapiden Anwachsen der Förderung in Bengalen, die sich in diesem Zeitraum von 1,3 Millionen auf 10 Millionen Tonnen gehoben hat. Und innerhalb der bengalischen Felder lassen die von mir besuchten, erst vor wenigen Jahren in Angriff genommenen westlichen Jherriahfelder die früher viel bedeutenderen Gruben von Ranigani weit hinter sich zurück.[1]) Sie produzierten im letzten Jahre 5 Millionen Tonnen, die letztgenannten 4 Millionen. Wie die indischen Kohlen die englischen in Indien selbst, die japanischen in den Straits und Ceylon zurückdrängen, so nimmt auch trotz der Ausbreitung des Bahnnetzes die Verwendung des Holzes als Feuerungsmittel zugunsten der indischen Kohle auf den heimischen Bahnen stetig ab, zum grossen Vorteil der doch waldarmen inneren Landesteile Indiens.

---

[1]) Auch ist ihr durchschnittlicher Gehalt an Kohlenstoff grösser als derjenige der Ranigani-Kohlen und zwar 60,5 % gegenüber 52,31 %.

Von der mineralischen Produktion Indiens boten die Manganerz-Vorkommnisse dem europäischen Markt, speziell der europäischen Stahl- und Eisenindustrie, das höchste Interesse. Die Unruhen im Kaukasus hatten die westeuropäischen Unternehmer gezwungen, die dortigen, bisher für den Bedarf ausschlaggebenden Betriebe aufzugeben, und neue Bezugsgebiete ausfindig zu machen. Zur höchsten Überraschung auch der indischen Geologen wies Indien eine ausserordentliche Zahl von Manganlagerstätten über ganz Süd-Indien besonders in den Zentralprovinzen, auf. Ich lernte die Mangangruben von Budanati-Peak in der Kette Hossalli, im Shimoga Distrikt Mysores kennen. Die Erze finden sich hier, wie in den meisten anderen Fällen auf sekundärer Lagerstätte als Geröllerze in den alluvialen Anschwemmungen an den Abhängen der Berge und in den Tälern. Die primäre Lagerstätte, welche bisher in den seltensten Fällen erschlossen wurde, wird in einer 10 km entfernten aus Quarziten und Kieselschiefer zusammengesetzten Berggruppe vermutet.[1]) In diesen Mangangruben waren hauptsächlich Pyrolusite und Braunite vertreten; jene von strahliger antimonglanzähnlicher Struktur, diese dichter und fester. Ihr durchschnittlicher Gehalt an Metall schwankt zwischen 40 und 55 %, während der höchste Prozentsatz sich auf etwa 63 % stellt. Angesichts der Wirtschaftskrisen in Europa und Amerika und der allmählichen Beruhigung des Kaukasus wird die Förderung kaum in demselben Tempo sich weiter entwickeln, wie bisher. War sie doch von 152 000 Tonnen des Jahres 1904 auf 912 000 Tonnen während des Jahres 1907/8 gestiegen. Als eine zweite Wirkung der schlechten Konjunktur wird sich wohl die raschere Aufsaugung der zahlreichen primitiven Betriebe durch europäisches, teilweise auch deutsches Kapital ergeben.

Gewerbe und Industrie. Die ausserordentliche Mannigfaltigkeit der Rohstoffe, welche teilweise in grosser Fülle zur Verfügung stand, eine uralte durch die mohamedanische Eroberung neu angeregte Kultur, hat eine unendlich vielseitige und hohe Entwicklung des Gewerbes herbeigeführt. Es hat als Dorfgewerbe alle ländlichen Ansprüchen befriedigt und entsprach an den Fürstensitzen den höchsten Luxusbedürfnissen, an den Wallfahrtsstätten auch dem Geschmack

[1]) L. L. Fermer unterscheidet jedoch in seinem Bericht (Board of Scientific Advice for India 1909) zwischen den Manganerz-Lagerstätten der Zentralen Provinz, welche integrierende Teile des kristallinischen Gesteinskomplexes bilden, und den näher der Oberfläche in unermesslichen Millionen Tonnen verbreiteten Lagern Südindiens, die er als Rückstände der Umwandlung der verschiedensten lithologischen Elemente des Dharvar-Systems ansieht.

der breiten Massen; es überragte an Feinheit der Durchführung viele gleichartige Erzeugnisse Europas. In der wirtschaftlichen Entwicklung Indiens ist jedoch seit der allmählichen Besitzergreifung durch die Engländer ein mächtiger Wandel vorsichgegangen. Das gewerbliche Leben hat eine schwere Einbusse erfahren und zwar qualitativ und quantitativ, wie z. B. in seinen feinen Seiden- und Baumwollgeweben, in seinen Stahlwaren, seinem Gold- und Silberschmuck, in der Verwertung von Lack und natürlichen Farben u. s. w. Der Rückgang wurde hervorgerufen, teils durch den Ruin zahlreicher, mächtiger Konsumenten, teils infolge der Konkurrenz der europäischen Industrie. Dazu kam, dass die Einfuhr eines der berühmtesten Gewebe, der feinen Musseline von Dakka, geradezu in England untersagt wurde.[1]) Nahezu völlig unterlag schliesslich der veränderten Geschmacksrichtung seit 1870 die Erzeugung der berühmten Schals aus Kashmir. — Quantitativ wurde die Erzeugung der Baumwollindustrie für den Massenkonsum durch den überlegenen europäischen Mitbewerb in hohem Grade betroffen. Eine quantitative Erweiterung der Produktion, dagegen aber eine qualitative Verschlechterung ward durch den Absatz an Europäer herbeigeführt in der südindischen Teppichfabrikation, in Erzeugung von Papiermachéwaren sowie in der Holzschnitzerei. Aber noch hat das indische Gewerbe einen Teil seiner alten Bedeutung bewahrt. Unangetastet ist das Dorfgewerbe, das Tonwaren, häusliche und Ackergeräte, Werkzeuge und Zierraten der Dorfangehörigen verfertigt. Noch weisen die städtischen Betriebe manch lockende Erzeugnisse der Elfenbein- und Holzschnitzerei auf, gold- und silberdurchwirkte Seidenwaren, Spitzen und Tafeldecken, Emailarbeiten, Gold- und Silberplatten u. s. w. selbstverständlich vor allem in jenen Orten, welche für die gewerbliche Entwicklung als alte Fürstensitze oder religiöse Zentren besonders begünstigt waren, wie Tanjore, Madura, Madras in Süd-Indien, Ahmedabad, Agra, Delhi und Benares im Norden. — Mehrere Umstände sind in den letzten Jahrzehnten wiederum wirksam geworden, durch welche das gewerbliche Leben zu neuer Entwicklung gelangt ist, ja vielfach auch die Form von modernen Grossunternehmungen angenommen hat. Zunächst die Investierung europäischen, natürlich vor allem englischen Kapitals und europäischer Technik in solchen Industrien, in welchen Billigkeit, teilweise auch Schulung der Arbeiter, das Vorhandensein des Rohmaterials oder grosse Absatzmöglichkeit im In- oder Ausland die grössten Vorteile bot. Dies gilt in erster

[1]) Doch hat sich diese Feinindustrie, wenn auch in beschränktem Masse, noch erhalten.

Linie für die Baumwoll- und Juteindustrie, dann auch in beschränktem Masse für die Ledererzeugung in Cawnpore, sowie für die Teppichindustrie in Kashmir und in Agra (in dieser unter Aufrechterhaltung der alten Technik). Der europäischen Anregung und Leitung ist die bedeutende Ausbreitung der Rohseidenproduktion in Kashmir und Assam zu danken. In Mysore (Bangalore) ist für diese Zwecke eine tüchtige japanische Kraft herangezogen. Eine besondere Hervorhebung verdienen die gewerblichen Anlagen der Baseler Mission. Ihre technischen, immer mehr zur Vervollkommnung gelangenden Webereien und Ziegeleien, die sich dank der Solidität ihrer Erzeugnisse eines grossen Absatzes über Indien hinaus erfreuen, haben zunächst das Ziel verfolgt, den aus ihrer Kaste ausgestossenen Hinduchristen einen gesicherten Lebensunterhalt zu gewähren. Ihre Thonwarenerzeugung in Mangalore, an der Malabarküste hat aber in ihrer nächsten Nähe den Wettbewerb der Eingeborenen hervorgerufen. Das europäische Vorbild hat also, und das ist die zweite Ursache des Emporkommens einer indischen Industrie, auch die Eingeborenen zur Investierung ihrer bisher sorgsam verwahrten oder in Form von Schmuck angelegten Kapitalien in gewerbliche Grossunternehmungen veranlasst. Insbesondere die Parsifirmen, aber auch die Hindus beteiligen sich an Baumwollgrossbetrieben, die in überwiegendem Masse in Bombay und Ahmedabad konzentriert sind, und in der Jutefabrikation, die in Kalkutta ihr Zentrum hat. Neuerdings ist von der in der Seidenfabrikation in Bombay und in anderen Grossunternehmungen engagierten Parsifirma Tata & Sohn das erste grössere indische Stahlwerk zu Sini (Bengalen) [1]) in Angriff genommen. Die Fortführung des Unternehmens ist ein Gegenstand allgemeinen nationalen Interesses. — Das gewerbliche Leben erfährt des Weiteren einen Antrieb durch die Begründung von technischen Schulen höheren und niederen Grades, auf deren Ausbau in indischen Zeitungen und in den Kongressen in recht stürmischer Weise gedrängt wird. Schliesslich darf auch, wie ich übereinstimmend mit dem letzten Bericht des Handelssachverständigen von Kalkutta (Deutsches Handelsarchiv, März 1909) hervorheben möchte, die Swadesi-Bewegung keineswegs unterschätzt werden. Wenn sie auch angesichts des Eintretens immer neuer Bedürfnisse bei den europäisch beeinflussten Schichten der Bevölkerung und infolge des erhöhten Bedarfs an Maschinen- und Eisenbahnmaterial die Steigerung der europäischen Einfuhr

---

[1]) Etwa 100 km südwestlich von den Iherria Kohlenwerken und in der Nähe reicher Eisenerze.

im allgemeinen nicht einzuschränken imstande ist, so vermag sie doch das Interesse an heimischen, mit Europa konkurrenzfähigen Erzeugnissen zu wecken. In der Industriestatistik spiegelt sich die Regeneration des gewerblichen Lebens Indiens wieder. Es stieg z. B. die Zahl der Baumwollfabriken von 58 im Jahre 1878 auf 224 im Jahre 1908 mit 65 000 Webstühlen und 5³/₄ Millionen Spindeln (also auf die Hälfte der Spindelanzahl Deutschlands). Bezeichnender Weise geht man übrigens in den letzten Jahren auch zum Spinnen feiner Garnnummern über. Einzelne der Baumwollspinnereien und Webereien sind durchaus mit den modernsten Maschinen ausgestattet. Die Leistungsfähigkeit der Arbeiter lässt aber im Vergleich zu den europäischen noch immer viel zu wünschen übrig. Die Ausdehnungsmöglichkeit dieser Industrie ist am meisten durch die Tatsache gewährleistet, dass die Einfuhr von europäischen Baumwollgeweben noch immer einen Wert von 44 Crores Rupien aufweist, nahezu 30 Millionen £. Die Zahl der Jutefabriken erhob sich in dem gleichen Zeitraum von 26 auf 44. Das investierte Kapital stieg von 1 Millionen £ auf 3¹/₂ Millionen £.

Aussenhandel. Noch schärfer wird die fortschreitende Industrialisierung durch die Tatsache illustriert, dass das Verhältnis der Fabrikateinfuhr zur Gesamtausfuhr, wie Prof. Kale am IV. industriellen Kongress zu Madras (Dezember 1908) ausführte, in den Vergleichsjahren 1879, 1892 und 1907 von 65% auf 57 und dann weiter auf 53 fiel. Dagegen stieg das Verhältnis der Fabrikatausfuhr zur Gesamtausfuhr in der entsprechenden Zeit von 8 auf 16 und schliesslich auf 22%. — Es ist nicht Sache dieses Berichtes, auf die Ausfuhrverhältnisse Indiens im einzelnen einzugehen, zumal die Zusammenstellungen unseres Sachverständigen im Märzhefte des Deutschen Handelsarchivs vom Jahre 1909 bereits vorliegen. Doch sei es mir gestattet, auf zwei Momente hinzuweisen. Wenn die gesamte Ausfuhr Indiens nach dem Mutterlande und nach den englischen Kolonien mit 45% von der Ausfuhr nach anderen Gebieten mit 54% so beträchtlich überschritten wird, dann begreifen wir, dass in Indien für eine imperialistische Politik im Sinne der Bevorzugung der englischen gewerblichen Produktion weder Veranlassung noch Neigung vorhanden ist. Mit Recht wird in Zeitschriften und Zeitungen darauf hingewiesen, dass die Bevorzugung des „Mutterlandes" die angestrebte, industrielle Entwicklung unterbinden und den gewinnbringenden Absatz in fremde Gebiete beeinträchtigen würde. Eine imperialistische Zollreform würde mit aller Bestimmtheit, wie dies auch Schulze-Gaevernitz in seinem bekannten Buche über den englischen Imperialismus angenommen hat, der schärfsten und allgemeinsten Opposition begegnen. Eine Bevorzugung des englischen Imports, der schon jetzt für das „Mutterland" allein 66% der Gesamteinfuhr beträgt (vergleiche Review of the Trade of India 1907/8 by C. W. Cotton), würde vor allem die Einfuhr Deutschlands treffen. Wenn sie auch in Wirklichkeit höher zu bewerten ist, als sie von der indischen Statistik erfasst ist, also gewiss die angenommenen 8% der Gesamteinfuhr überragt, wenn sie sich auch in den letzten zehn Jahren von 47 Millionen Mark auf 119 Millionen Mark erhoben hat, so hat sie doch erst den zehnten Teil des englischen Einfuhrwertes erreicht. Wesentlich ist jedoch, dass unsere Handelsbilanz gegenüber Indien durch den Bezug von Waren im Werte von 446 Millionen Mark eine passive ist, da sie wohl nur in sehr geringem Masse durch Kapitalzinsen ausgeglichen wird. So ist für Deutschland die Steigerung der Wareneinfuhr nach Indien eine wirtschaftliche Pflicht. — Welche Möglichkeiten für die Steigerung des Absatzes deutscher Produkte vorliegen, darüber enthält der Bericht des Sachverständigen zahlreiche Winke. Ich möchte nur eine meiner Wahrnehmungen hinzufügen: Das konsumierende Publikum, auch der besten Kreise Indiens ist von der Überzeugung durchdrungen, dass Deutschland nur die allerbilligsten und allerschlechtesten Waren zu erzeugen vermöge. Ein Rechtsanwalt in Bangalore, der, wie ich nachträglich erfuhr, dortselbst eine angesehene Stellung einnahm, wollte mich in den Bazar führen, um mich von der überaus geringen Qualität der dort ausgestellten deutschen Waren zu überzeugen. Er, wie so viele andere Indier, waren höchst erstaunt, als ich auf ihr Befragen versicherte, dass meine Gebrauchsgegenstände, Kleider u. s. w., deutschen Ursprungs seien. — Gewiss ist die Zahl der deutschen Reisenden in Indien eine ganz beträchtliche und ihr Eifer trotz aller natürlichen Schwierigkeiten ein bewundernswerter. Allein ich darf wohl die Überzeugung aussprechen, dass dieses weite Gebiet noch intensiver besucht und mit besseren Waren versorgt werden müsste. Mir drängte sich ferner die Beobachtung auf, dass die deutschen Firmen im Gegensatz zu den englischen von den Mitteln der Annonce und Reklame in den Zeitungen und Zeitschriften der Eingeborenen keinen Gebrauch machen.

Seeverkehr und Küsten. Unsere passive Handelsbilanz mit Indien erfährt eine kleine Besserung durch den fortschreitenden Anteil an der Schiffahrt Indiens, an welcher die Hamburg-Amerika Linie, die Hansa-Linie, die Deutsch-Australische Dampfschiffs-Gesellschaft und die Deutsche Ost-Afrika-Linie beteiligt sind. Die allseitig anerkannte, unübertroffene Promptheit und Zuverlässigkeit der deutschen Gesellschaften trägt zur Ausdehnung ihres Verkehrs in hohem Masse bei.

Für den Seeverkehr ist die Küste Indiens im ganzen betrachtet keineswegs begünstigt. Sie ist im Sinne der Klassifikation Richthofens als eine ursprüngliche neutrale Schollenküste zu betrachten,[1] also von verkehrsfeindlichem Charakter, der auch in ihrer Ausgestaltung durch sekundäre Faktoren, durch Schwankungen des Meeresspiegels, durch die Brandungswoge und das Spiel der Gezeiten, durch Meeresströmungen und Flussanschwemmungen keine wesentliche Verbesserung erfahren hat. — Eine flache brandende See begleitet bald Nehrungen, hinter welchen sich im Schatten üppiger Vegetation ein ziemlich reger Bootverkehr entfaltet wie in Kochin, bald wiederum eine glatte, palmenbewachsene oder auch öde Flachküste wie im Südosten, dann wiederum breite Deltalandschaften mit unmerkbaren Übergängen von festem Boden zum Meer. An der Malabarküste wieder, wo der Gebirgsabhang nahe an die See stösst, treten uns die für das Mittelmeer so typischen, halbkreisförmig aufgeschlossenen Küsten entgegen, mit kleinen vorgelagerten Felseilanden, Zeugen der alten Senkung. Alles in allem, eine richtige Absperrungsküste, sodass die grossen Schiffe oft viele Kilometer weit auf offener Reede vor Anker zu liegen gezwungen sind. Breite Dhaus führen unter Knarren und horrendem Geschrei der Bemannung Frachten von Reis, Kopra, Kaffee und Hirse oder europäischen Importartikeln und schwarzen Menschen über die rollende Brandung hinweg, bis der Ausbruch des Monsuns die Küstenschiffahrt gänzlich zum Stocken bringt. — Mit ausserordentlichen Kosten hat man an einer solchen Flachküste Madras zu einem Hafen ausgestaltet, dessen Fassungsraum sich allerdings als viel zu klein erwiesen hat. Die wenigen guten Naturhäfen sind durch Ingression des Meeres entstanden, wie Karachi, Bombay, Marmagoa. Von den Strommündungen hat nur der Gangesarm des Hugli die Einfahrt grosser Schiffe und die Anlage eines Hafens ermöglicht. Kein Wunder, dass sich in diesen wenigen Naturhäfen, dann aber auch noch in dem durch die Grösse der Stadt bedeutungsvollen Kunsthafen Madras und in dem durch die Lage begünstigten ebenfalls von Natur ungeschützten Tutikorin der gesamte Handel konzentriert.[2] — Schon äussert sich bei den nördlichen Häfen eine wirtschaftliche Arbeitsteilung, durch welche sie häufig genug in die geographische Sphäre der anderen, in ihr Hinterland, eingreifen.

[1]) Selbstverständlich abgesehen von den Schwemmlandküsten der Indo-Ganges-Ebene.

[2]) Neuerdings kommt auch Chittagong für Assam und Ostbengalen besonders in Betracht.

Karachi ist auf Kosten Bombays und Kalkuttas der Weizenhafen Indiens geworden; Bombay zieht aus dem Hinterlande Kalkuttas und teilweise auch Karachis Baumwolle und Ölsaaten an sich. Kalkutta hat nicht nur ein natürliches Monopol für die Ausfuhr von Tee, Jute und Opium, sondern es ist auch der Ausfuhrhafen für Häute und Felle eines grossen Teils von Nord- und Mittelindien. — Es wird eine der Hauptaufgaben der geplanten Wirtschaftsgeographie Indiens sein, neben der morphologisch-genetischen Erklärung der Häfen ihre technische Ausstattung und kommerzielle Leistung darzustellen und den Bereich des Hinterlandes für jeden einzelnen abzugrenzen.

Gross sind die Schwierigkeiten, die der Abfassung einer erschöpfenden Monographie über die wirtschaftsgeographischen Verhältnisse Indiens entgegenstehen: Die Grösse des Gebietes, die Verschiedenartigkeit der Verhältnisse in ihm, die Fülle des leider höchst ungleichwertigen literarischen Materials, und vor allem die Unmöglichkeit, es in Deutschland zu beschaffen. Es wird sich nur durch längeren Aufenthalt in England volle Einsicht in dasselbe gewinnen lassen. Ich gebe mich der Hoffnung hin, dass die Behörden und Körperschaften, welche mir die Fahrt nach Indien und Ceylon ermöglicht haben, vielleicht auch noch diese nicht unwichtige Arbeit zu fördern geneigt sein werden. Diesen Körperschaften und Behörden möchte ich zum Schluss meinen innigsten Dank aussprechen: Den Städtischen Schulbehörden zu Frankfurt a. M. für den gewährten Reiseurlaub, dem Königlichen Provinzial-Schulkollegium für die Stellung des Vertreters, der Akademie für Sozial- und Handelswissenschaften für die mir gebotene Anregung und Unterstützung, sowie der Geographichen Gesellschaft in Hamburg für die bereitwillig und vertrauensvoll gewährte Beihilfe zur Reise.

Zum grössten Dank fühle ich mich ferner dem Ministerium des Auswärtigen verpflichtet, welches mich an unsere immer hilfbereiten Konsulate in Indien und Ceylon, sowie vor allem an den Herrn Staatssekretär für Indien empfahl.

Ich kann es nicht lebhaft genug betonen, welche ausserordentliche Unterstützung und weit über die offizielle Höflichkeit hinausgehende freundschaftliche Förderung ich durch alle Funktionäre der indischen Regierung, durch die Hafenbehörden, zahllose englische Pflanzer und Kaufleute erfuhr. Auch der herzlichen Unterstützung durch deutsche Kaufleute und Missionäre sei mit aufrichtigem Danke gedacht.

FSC
www.fsc.org
MIX
Papier | Fördert
gute Waldnutzung
FSC® C083411

Zeitfracht Medien GmbH
Ferdinand-Jühlke-Straße 7
99095 Erfurt, Deutschland
produktsicherheit@kolibri360.de